ANALYSE

DE L'EAU DE MER.

ANALYSE

DE L'EAU DE MER.

PAR B. G. SAGE,

CHEVALIER DE L'ORDRE ROYAL DE SAINT-MICHEL,
DE L'ACADÉMIE ROYALE DES SCIENCES DE PARIS,
FONDATEUR ET DIRECTEUR
DE LA PREMIÈRE ÉCOLE DES MINES.

Sine aere et aquâ vita fugit.

A PARIS,

DE L'IMPRIMERIE DE P. DIDOT, L'AÎNÉ,
CHEVALIER DE L'ORDRE ROYAL DE SAINT-MICHEL,
IMPRIMEUR DU ROI.

1817.

ANALYSE

DE L'EAU DE MER

Par A. C. [illegible]

A PARIS

PRÉLIMINAIRE.

Il arrive souvent que dans les voyages de long cours on est exposé à manquer d'eau, soit que celle qui est transportée dans les barriques s'y corrompe, soit qu'elle manque. Aussi les marins expérimentés embarquent-ils aujourd'hui des alambics sur leurs vaisseaux, trouvant une ressource dans l'eau qu'ils tirent par la distillation de celle de la mer. C'est ce que vient de faire M. de Freycinet avant de partir pour son grand voyage. Il a confié la construction de ses appareils distillatoires à M. Clément, chimiste distingué.

C'est après avoir lu le Mémoire qu'il a publié à ce sujet, que je viens de prendre le parti de suivre l'analyse de

l'eau de mer; ce qui m'a mis à portée
de faire des découvertes nouvelles très
importantes, dont je rends compte dans
ce Mémoire.

TABLE SYNOPTIQUE

Des objets qui sont traités dans cette Feuille.

NOTE ESSENTIELLE.

Macquer, Poissonnier, Clément ont écrit sur la distillation de l'eau de mer, et dit que l'eau qu'elle produisait était aussi pure que celle employée en chimie, puisque les réactifs n'y décelaient rien ; expérience qu'on ne peut contester. Mais si ces savants eussent mis dans leur bouche une cuillerée d'eau de mer distillée, et l'y eussent tenue une ou deux secondes, la saveur vive et piquante de cette eau aurait été rendue sensible sur leur langue pendant plus d'une heure, et y aurait imprimé une saveur semblable à celle du poivre long ; saveur qui est due à une espèce de gaz alcalin oléaginé neptunien ; saveur qui se retrouve encore dans cette eau, lors même qu'elle a été exposée à l'air pendant quinze jours, et peut-être davantage, ce dont je rendrai compte par la suite.

ANALYSE
DE L'EAU DE MER.

DE LA NÉCESSITÉ DE FAIRE USAGE D'EAU PURE POUR BOISSON.

L'AIR et l'eau pure entretiennent l'acte vital, qui cesse lors de la privation de l'un ou de l'autre.

Le premier soin de l'homme doit donc être de s'assurer de la bonté de l'eau dont il doit faire usage. La plus pure est celle qui est fournie par le dégel de la neige, qui donne naissance, comme on le sait, aux lacs et aux fleuves; mais, en traversant les terres et en passant sur leur surface, cette eau dissout les sels solubles qui s'y trouvent: aussi il n'y a pas d'eau fluviatile qui ne contienne du sel à base terreuse, et du vitriol calcaire connu sous le nom de sélénite. C'est ce

(2)

dernier sel, modifié en foie de soufre
par le calorique, qui fait contracter à
l'eau une odeur fétide. Le moyen de
rendre cette eau potable sans dégoût et
sans danger est indiqué dans les para-
graphes suivants.

Quelques physiciens ont attribué à la
putréfaction d'animalcules l'odeur empuantie que contracte l'eau fluviatile
contenue dans les barriques pour être
transportées dans les voyages de long
cours; d'autres ont attribué cette odeur
fétide à la partie extractive des douves
de ces barriques (1).

Mais la véritable raison est la décomposition de la sélénite ou vitriol calcaire
que contient cette eau, que le calorique
modifie en un vrai foie de soufre calcaire,
qui se produit d'autant plus prompte-
ment que la température des zones où
l'on se trouve est plus élevée.

____

(1) Ce qui a peut-être déterminé les Anglais à faire
usage de barriques de fer de préférence à celles de bois.

(3)

Plusieurs moyens sont propres à s'emparer ou à décomposer cet *hépar*. Il suffit de mettre dans de l'eau empuantie (1) une pièce ou une tasse d'argent bien nette, sur laquelle se porte le foie de soufre, qui la noircit aussitôt; et l'eau est rendue potable.

Le moyen suivant prévient ou détruit la formation du foie de soufre qui donne à l'eau une odeur si fétide : il suffit de carboniser l'intérieur des douves des barriques, ce qui s'opère facilement en passant sur leur surface interne une masse de fer rouge de feu qui les carbonise.

La vaste mer connue sous le nom d'*Océan* a pour origine les eaux fluviatiles qui s'y rendent de toutes parts. Ces eaux sont rendues saumâches par le sel qui y est tenu en dissolution, et dangereuses par un gaz alcalin oléaginé nep-

____

(1) Si l'eau qu'on renferme dans les barriques était aussi pure que l'eau distillée, elle n'y éprouverait pas d'altération par le calorique atmosphérien.

tunien, qui résulte de la putréfaction des animaux marins et de leurs déjections; gaz dont la décomposition successive donne naissance à la formation du sel marin, dont la quantité est plus ou moins considérable, suivant la température des lieux où il se forme.

L'eau de la mer Baltique fournit un soixante-quatrième de sel.

L'eau de la mer entre la Grande-Bretagne et les Provinces-Unies, un trente-deuxième (1).

Celle des côtes d'Espagne, un seizième.

Et celle de la mer des Tropiques, un douzième.

L'eau du lac Asphaltite contient un douzième de sel marin, et quatre seizièmes de sel à base de magnésie et de terre calcaire; aussi est-ce l'eau la plus

---

(1) Cette eau de mer, prise intérieurement, est purgative et vomitive.

salée, dans laquelle les poissons ne peu-
vent vivre ; ce qui a fait donner à ce lac
le nom de *mer Morte*, de *mer du Désert*
ou de *la Solitude*.

Le sel contenu dans l'eau des mers
ordinaires, loin de nuire aux poissons,
leur paraît nécessaire, puisque la plu-
part de ces animaux souffrent et dépé-
rissent lorsqu'on les retient dans l'eau
douce.

C'est dans le dessein d'offrir une analyse exacte de l'eau de mer que je m'en
suis d'abord procuré, en la faisant puiser
à dix lieues du Havre, dans la haute mer:
quoiqu'elle ne contienne essentiellement
qu'un trente-deuxième de sel, il la rend
si saumâche, qu'on ne peut la goûter sans
un dégoût marqué, qui est principale-
ment dû à un gaz alcalin oléaginé qui
résulte de la putréfaction des animaux
marins, ainsi que de leurs déjections;
gaz qui est volatil, comme les expériences
subséquentes le démontrent, et dont des
physiciens célèbres n'ont pas fait men-

tion, quoiqu'ils disent avoir rendu l'eau de mer potable par la seule distillation.

Cependant on verra dans la suite de cet écrit que cela ne peut être prouvé que lorsqu'ils auront détruit, par un intermède, le gaz alcalin oléaginé neptunien.

PROPRIÉTÉ DU GAZ ALCALIN OLÉAGINÉ NEPTUNIEN QUI EXISTE DANS L'EAU DE LA MER.

Cette eau tient en dissolution cinq espèces de matières salines distinctes, dont les propriétés sont essentiellement différentes. J'ai désigné sous le nom de *gaz alcalin oléaginé neptunien* ce qui se dégage lors de la putréfaction des substances animales et stercorales des poissons et des animaux marins, lequel gaz ne manifeste pas d'odeur bien sensible, quoiqu'il soit volatil, lorsqu'on soumet l'eau de mer à la distillation sans intermède, où ce gaz est rendu si sensible au goût, qu'il laisse sur la langue une sa-

veur (1) piquante qui lui est propre, et af-
fecte vivement pendant plusieurs heures
les papilles nerveuses de cet organe.

Si l'on expose cette eau distillée dans
un verre, et si l'on présente à sa surface
une mèche de papier imbue d'acide marin, il se manifeste des vapeurs blanches
qui résultent de la combinaison du gaz
alcalin qui s'unit à cet acide.

Le gaz alcalin qui se dégage sponta-
nément de l'eau de mer manifeste également des vapeurs blanches.

Ce gaz alcalin développe quelquefois
une odeur fétide, sur-tout vers la zone
torride, lorsque la mer a resté dans le
calme pendant plusieurs jours, comme
l'a remarqué Boyle en parlant d'un na-
vigateur qui avait été surpris par ce
calme; odeur qui incommoda son équi-
page; et, quoique moins sensible, cette
odeur doit se dégager sans cesse de la

---

(1) Saveur qui est à-peu-près semblable à celle qu'im-
prime le poivre long.

surface de la mer, et peut peut-être con-
courir au scorbut qui afflige les équipages
dans les voyages de long cours, maladie
qui diminue et disparaît quand on par-
vient à résider sur terre.

La décomposition du gaz alcalin oléaginé neptunien concourt à la formation
du sel de mer, qui résulte de la modification qu'éprouve l'acide ignifère, principe des gaz qui constituent l'air atmo-
sphérique, modification qui a lieu lorsque
le gaz alcalin, en se décomposant, modifie l'acide ignifère en acide marin,
lequel s'unissant avec le natron, qui sert
de base au gaz alcalin, il en résulte le sel
qui se trouve dans la mer.

L'eau de mer tient en dissolution du
sel composé de terre calcaire et de terre
alcaline, combinées avec l'acide marin.
Ces sels ont une saveur âcre, et sont
déliquescents. L'eau de mer tient aussi
en dissolution une portion de vitriol calcaire nommé *sélénite*.

Le gaz alcalin oléaginé neptunien est

volatil au feu, se dégage de l'eau de mer
par l'action du soleil dans les marais sa-
lants. Le grand froid décompose et an-
nihile ce gaz alcalin lors de la congéla-
tion de l'eau de mer.

Ayant reconnu, par les expériences
précédentes, que l'eau de mer distillée
sans intermède tenait en dissolution un
gaz alcalin oléaginé volatil, j'estimai
qu'un acide fixe tel que le vitriolique (1)
pouvait s'emparer de ce gaz, expériences
que j'ai faites en distillant de l'eau de
mer avec diverses proportions de cet
acide, et que, lorsqu'il y était dans la
proportion d'un trois centième, l'eau
distillée qu'on obtenait était sans saveur

---

(1) Ayant lu que M. Applebey, apothicaire de Dur-
ham en Angleterre, avait écrit il y a cent ans qu'après
avoir distillé quarante pintes d'eau de mer avec quatre
onces de pierre à cautère, autant de terre blanche des
os, il en avait extrait trente pintes d'eau potable. J'ai
répété son expérience, et j'ai trouvé que le gaz alcalin
oléaginé neptunien jouissait de sa propriété dans l'eau
de mer ainsi distillée.

sensible ; mais que cette eau était douée d'une légère odeur particulière qui n'est pas désagréable, et qui paraît due à la matière oléagineuse, principe du gaz alcalin.

Cette petite proportion d'acide ne peut agir sur la cucurbite, parcequ'il est trop affaibli, et d'autant plus qu'il se combine avec le gaz alcalin. C'est par un moyen si simple et si peu dispendieux que l'on sera assuré de la salubrité de l'eau de mer distillée.

Je croirais que les marins pourraient aussi faire usage avec succès de boissons acidulées, afin de neutraliser le gaz alcalin oléaginé qui s'exhale de la surface de la mer.

Ayant desséché de l'eau de mer puisée dans les environs du Havre, que j'ai employée dans ces expériences, j'ai reconnu qu'elle contenait un trente-deuxième de sel. C'est pour en extraire la partie oléagineuse que j'ai mis ce sel en digestion avec de l'éther qui a pris une teinte jau-

nâtre. Cet éther ayant été décanté a
laissé, après son évaporation spontanée
dans une capsule de verre, un peu d'extrait huileux, jaunâtre, d'une odeur et
d'une saveur particulière, qui me paraît
due à la partie oléagineuse du gaz alcalin
neptunien.

Ayant précipité de cette eau de mer
par de l'alcali fixe déliquescenté, elle
est devenue laiteuse et opaque. Cette
eau a laissé sur le filtre, après avoir été
lavé et desséché, un cinquantième de
terre calcaire et magnésienne.

De l'eau de mer ayant été distillée
dans un alambic dont la cucurbite était
en cuivre, après avoir retiré par la distillation les deux tiers de cette eau, il
resta sur le fond de ce vase du sel marin
cristallisé, et l'eau mère qui le surnageait
avait une teinte verte due à une portion
de cuivre de la cucurbite qui avait été
dissoute par l'action du sel marin ; ce
que j'ai reconnu en distillant dans la
même cucurbite de l'eau chargée d'un

trente-deuxième de sel de cuisine. Celle qui a distillé n'avait point de saveur; l'eau mère qui restait dans la cucurbite était également colorée en vert. Si ce métal éprouve de l'altération à chaque fois qu'on distille de l'eau de mer, la cucurbite ne doit pas tarder à se détruire. J'ai reconnu que cette couleur verte était due à un peu de cuivre, parcequ'elle a pris une couleur bleue après avoir été mêlée avec de l'alcali volatil.

L'eau de mer distillée sans intermède est toujours chargée de gaz alcalin oléaginé neptunien, qui lui donne une saveur si active sur la langue, qu'il paraît devoir agir de même sur les tuniques nerveuses de l'estomac.

Trois physiciens français, MM. Macquer, Poissonnier et Clément ont annoncé que l'eau de mer distillée sans intermède fournissait de l'eau aussi pure que celle de rivière qui a été distillée; et, malgré que les deux derniers aient fait usage de deux diaphragmes perforés

pour empêcher que le roulis et l'oscilla-
tion du vaisseau ne fasse passer de l'eau
salée dans le chapiteau de l'alambic, ce
mécanisme n'est pas propre à séparer de
l'eau de mer le gaz alcalin oléaginé neptunien, qui ne peut pas même se dégager
de cette eau lorsqu'elle a été exposée à
l'air pendant long-temps.

La distillation ne dégage donc de l'eau
de mer que les sels fixes qui y sont tenus
en dissolution.

Baumé a décrit (1) et a donné les des-
sins de l'appareil distillatoire dont a fait
usage le docteur Poissonnier, qui a ima-
giné les deux diaphragmes percés de
petits trous; moyen ingénieux qui lui a
été disputé par M. Irvine, qui le pré-
senta sous son nom au parlement d'Angleterre, qui lui accorda 5,000 livres de
rente. M. du Tems, physicien anglais,
fit alors connaître par un écrit que cette
découverte était due à M. Poissonnier.

____

(1) Dans le troisième volume de sa Chimie.

Quoique le sel obtenu des marais sa-
lants ne contienne pas de gaz alcalin
huileux, cependant la loi exige qu'il soit
conservé en tas, pendant deux ou trois
ans, dans les greniers à sel, parceque
durant ce temps les sels à base calcaire
et magnésienne, qui sont âcres et caus-
tiques, y tombent en déliquescence.

L'eau de mer n'est pas propre au
blanchissage, parcequ'elle décompose le
savon.

EXPÉRIENCES QUI FONT CONNAITRE QUE LES TERRES QUI COMPOSENT LA PIERRE PONCE (1) N'ONT PAS ÉTÉ COMBINÉES PAR L'ACTION DU FEU, QUOIQU'ON LES TROUVE PARMI LES DÉJECTIONS DE QUELQUES VOLCANS.

La pierre ponce que j'ai employée
dans cette analyse était blanche, striée,
soyeuse, brillante, et en filets contour-
nés ; elle imprimait sur la langue une
légère saveur de sel marin.

____

(1) *Pumex* des Latins.

La distillation de cette pierre ponce
pulvérisée ayant été opérée dans une
cornue de verre au fourneau de réver-
bère, il a passé dans le récipient de l'eau
ayant l'odeur d'empyreume. Sa saveur,
était acide; sa couleur, d'un jaune am-
bré, était due à une portion d'huile
tenue en dissolution à l'aide de l'acide
dégagé du sel marin par l'intermède de
la marne, un des principes de la pierre
ponce, qui a fourni par quintal trois
livres de cette eau acide.

L'odeur empyreumatique qui s'exhale
du récipient offre un gaz alcalin rendu
sensible en exposant à l'orifice de ce récipient une mèche de papier imbue d'acide
marin, qui se trouve entourée d'un nuage
blanc.

La présence de la matière grasse que
je cite comme partie constituante de la
pierre ponce est rendue sensible lorsqu'on procède à la décomposition de
cette pierre, en la distillant jusqu'à siccité avec deux parties d'acide vitriolique

concentré, qui passe en partie à l'état d'acide sulfureux.

Le résidu de cette distillation est en partie soluble dans l'eau distillée, et produit par l'évaporation du vitriol de magnésie ; terre qui se trouve dans la pierre ponce dans le rapport de sept livres par quintal.

L'analyse de cette pierre ponce m'a fait connaître qu'elle contenait par quintal :

Eau.	3
Magnésie	7
Matière oléagineuse. . . .	3
Sel marin	4
Marne	13
Quartz divisé	70
	100

Quoique plusieurs volcans aient rejeté une quantité prodigieuse de pierres ponce, les matières dont elles sont composées ne paraissent pas y avoir éprouvé

l'action du feu, pour qu'elles retiennent
de l'eau et une matière oléagineuse, et
qu'après avoir été exposées au feu dans
un creuset, elles y passent facilement à
l'état d'un émail compacte tirant sur
le gris.

L'expérience suivante m'a fait con-
-naître que la matière oléagineuse que
recèle la pierre ponce blanche était la
cause de sa légèreté, puisqu'après avoir
été rougie au feu qui a décomposé cette
matière grasse, la ponce a pris une teinte
grise due à une petite portion de charbon, et qu'après avoir été mise dans de
l'eau, elle s'est précipitée au fond du
vase, à la surface duquel nageait le
même morceau de ponce avant d'avoir
été rougi au feu.

Lorsque le morceau de ponce com-
mence à être pénétré par le feu, il y
éprouve une légère décrépitation, sans
qu'il s'en détache de parcelle. Il ne perd
par cette terréfaction que trois livres
par quintal, qui me paraissent dues à

la décomposition de la matière oléagineuse qui faisait partie de la ponce, et
lui donnait la propriété de nager sur
l'eau avant d'avoir été torréfiée.

J'ai dit, page 32 du Mémoire que
j'ai publié sur la formation des monts
ignivomes, que je ne regardais pas les
ponces comme des vitrifications de gra-
nits, ainsi que l'a avancé Déodat de
Dolomieu, mais que je les croyais pro-
duites par la vitrification du gaestein ;
erreur que je viens de reconnaître par
l'analyse que je viens de faire de la pierre
ponce blanche, comme le démontrent
les expériences que j'ai décrites ci-dessus :
ce qui me porte à avancer que la ponce
est une pierre *sui generis*, qui est dans
son genre ce qu'est le prétendu verre de
volcan de Déodat de Dolomieu, dont j'ai
cru devoir rapprocher ici l'analyse sous
le nom de *gaestein*.

La nature nous offre une mine de
gaestein dans une scissure de la montagne du Puy-Griou dans le Cantal, où

elle est en filon vertical, dont la largeur
a depuis six pieds jusqu'à vingt-quatre
vers la base de la montagne. Les blocs
de gaestein qu'on en détache sont em-
ployés pour ferrer les chemins, et taillés
pour la bâtisse.

La teinte verte olive de cette pierre
est due au fer ; elle est plus ou moins
intense, suivant la quantité de ce métal
qu'elle contient.

Le gaestein renferme quelquefois de
très petits cristaux de feldspath blanc,
ce qui a déterminé Werner à lui donner
le nom de *pechstein porphyre*.

On trouve parmi les ponces des îles
de Lipari des gaesteins en masses glo-
buleuses ou irrégulières qui paraissent
composées de couches, et ont l'éclat vi-
treux ; ce qui a déterminé Déodat de
Dolomieu à les désigner sous le nom de
verre de volcan (1).

____

(1) Cette fausse dénomination fait connaître la jus-
tesse de cet adage : *Non possunt oculi naturam cognos-
cere rerum.*

La distillation du gaestein fait connaître qu'il n'est pas de nature vitreuse,
puisqu'il fournit par ce moyen dix-huit
livres d'eau par quintal. On ne doit pas
non plus le confondre avec le *lapis obsi-
dianus* ou émail de volcan, verre noir
opaque qui ne contient pas d'eau.

Le gaestein donne des étincelles sous
le briquet. Si, après l'avoir pulvérisé, on
le distille jusqu'à siccité avec deux parties
d'acide vitriolique concentré, cet acide
passe en partie sous forme d'acide sulfureux; altération due à la matière grasse
contenue dans ce sel pierre.

Le résidu de cette distillation ayant
été lessivé dans de l'eau distillée, a pris
une forte saveur alumineuse. Cette lessive contient en outre un peu de vitriol
martial, que la lessive prussique préci-
pite en bleu. C'est cette portion de fer
contenue dans le gaestein qui est cause
que la vitrification de cette pierre prend
une couleur plus ou moins noirâtre.

La lessive de la vitriolisation du gaes-

(21)

tein ayant été évaporée, a produit de
l'alun.

Ce gaestein contient par quintal :

Eau 18
Alumine. , ... 4
Fer. 2
Quartz. 76
Matière oléagineuse. . . . . . »
                              ———
                                100

Cette analyse fait connaître que la
pierre ponce, contenant de la magnésie
et une très petite quantité d'alumine, ne
peut avoir été produite par la fusion du
gaestein, comme je l'ai indiqué dans le
mémoire que j'ai publié sous le titre de
Formation des monts ignivomes.

L'analyse de la production marine
que les botanistes avaient désignée sous
les noms de *varec*, d'*algue* et de *fucus*,
qu'ils rangeaient parmi les cryptogames,
loin d'être une substance végétale, n'est
qu'un polypier flexible, dont on sépare

le squelette cartilagineux par le moyen de l'acide nitreux, comme je l'ai fait connaître; ce polypier m'ayant produit de la magnésie, de la terre calcaire, de la silice, du sel marin, de l'eau, et une matière huileuse.

La pierre ponce m'ayant fourni des substances congénères, je la considère comme un polypier d'une espèce particulière, différent des madrépores, en ce qu'ils contiennent plus d'huile, parceque la base cartilagineuse et la terre calcaire y sont en plus grande quantité; ce que je viens de constater en analysant un madrépore, dont les gros cylindres sont disposés à la manière des cornes de daim.

Ayant soumis à la distillation ce madrépore pulvérisé, il a produit de l'eau alcaline jaunâtre, et de l'huile empyreumatique, accompagnée de gaz alcalin. Cet alcali volatil huileux, produit par le réseau cartilagineux du madrépore, s'y trouve dans le rapport de cinq livres par

quintal. Le résidu de cette distillation
doit sa couleur noirâtre à la portion de
charbon produite par l'ustion du réseau
cartilagineux.

J'ai procédé à la vitriolisation de ce
madrépore, en le distillant avec deux
parties d'acide vitriolique concentré qui
a passé en partie à l'état d'acide sulfureux. Le résidu de cette opération ayant
été lessivé, avait une odeur hépatique
due à une petite portion de soufre qui
s'est formée par la combinaison de l'a-
cide vitriolique avec le phlogistique de
l'huile, partie constituante du réseau
cartilagineux, qui représente le ving-
tième du poids du madrépore.

Cette lessive évaporée a produit du
vitriol de magnésie.

Ce qui restait sur le filtre était du vitriol calcaire.

Les faits exposés dans ce mémoire
font connaître que la distillation des
pierres fournit les moyens d'extraire des
fluides et des gaz qui échappent lors-

qu'on expose à l'action du feu ces matières dans un creuset ; ils démontrent
aussi que la vitriolisation est un moyen
sûr de déterminer la nature des terres,
tandis qu'on les modifie et qu'on change
leur nature lorsqu'on les fond à l'aide de
l'alcali caustique, qui doit sa fusibilité à
l'acide igné qui lui est uni.

FIN.